LAS MEJORES CARRERAS PROFESIONALES

DESARROLLADOR WEB

Un libro de Las Ramas de Crabtree

Escrito por B. Keith Davidson
Traducción de Santiago Ochoa

Crabtree Publishing
crabtreebooks.com

Apoyo escolar para cuidadores y maestros

Este libro de alto interés está diseñado para motivar a los estudiantes dedicados con temas atractivos, mientras desarrollan la fluidez, el vocabulario y el interés por la lectura. A continuación se presentan algunas preguntas y actividades para ayudar al lector a desarrollar sus habilidades de comprensión.

Antes de leer:

- *¿De qué pienso que trata este libro?*
- *¿Qué sé sobre este tema?*
- *¿Qué quiero aprender sobre este tema?*
- *¿Por qué estoy leyendo este libro?*

Durante la lectura:

- *Me pregunto por qué...*
- *Tengo curiosidad de saber...*
- *¿En qué se parece esto a algo que ya conozco?*
- *¿Qué he aprendido hasta ahora?*

Después de leer:

- *¿Qué intentaba enseñarme el autor?*
- *¿Cuáles son algunos detalles?*
- *¿Cómo me ayudaron las fotografías y los pies de foto a entender más?*
- *Vuelve a leer el libro y busca las palabras del vocabulario.*
- *¿Qué preguntas tengo aún?*

Actividades de extensión:

- *¿Cuál fue tu parte favorita del libro? Escribe un párrafo sobre ella.*
- *Haz un dibujo de lo que más te gustó del libro.*

EN MI COMUNIDAD

Una comunidad está formada por personas que se unen para mejorar la vida de los demás.

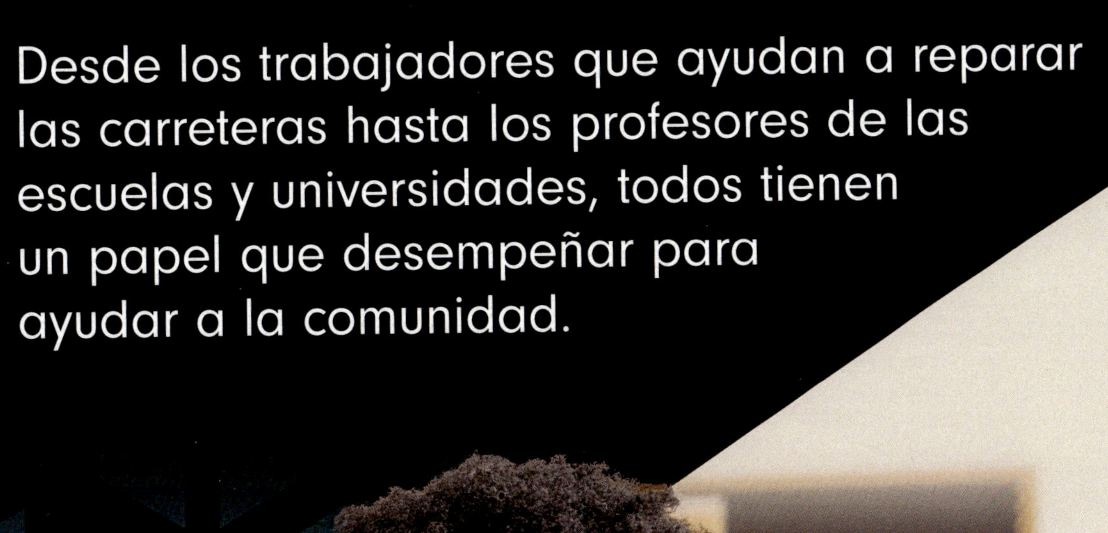

Desde los trabajadores que ayudan a reparar las carreteras hasta los profesores de las escuelas y universidades, todos tienen un papel que desempeñar para ayudar a la comunidad.

Los desarrolladores web son miembros importantes de nuestra comunidad **global**.

Diseñan las páginas web que miramos cada día. Escriben el código que indica el funcionamiento del sitio web.

DESARROLLADOR WEB

Muchos desarrolladores web tienen títulos o diplomas en un campo relacionado con la informática. Estas certificaciones no son un requisito, pero ayudan a iniciar una carrera.

Muchos desarrolladores asisten a *bootcamps*, que son sesiones de entrenamiento durante el fin de semana, diseñadas para enseñar todo lo que se necesita saber en un periodo de tiempo muy corto.

¿Cuál es la diferencia entre un desarrollador web y un programador informático? Los programadores informáticos diseñan software y escriben código. Los desarrolladores web escriben código, pero solo para sitios web.

HABILIDADES ESPECIALES

Un conocimiento básico de las computadoras y de su funcionamiento será de ayuda, pero los sitios web tienen un lenguaje propio.

tendrás que aprender los lenguajes informáticos básicos de HTML (lenguaje de marcado de hipertexto), CSS (hojas de estilo en cascada) y **JavaScript**. Estos son los tres lenguajes más comunes en el desarrollo de sitios web.

Algunos desarrolladores optan por trabajar en el ***front-end*** del desarrollo web, la parte que se ve en la pantalla de la computadora.

Los desarrolladores del ***back-end*** trabajan en las bases de datos y el lado del **servidor** de Internet. Se centran en la recopilación de información. Los desarrolladores de ***full-stack*** trabajan en ambos lados del sitio web.

Los desarrolladores web trabajan con sus **clientes** para diseñar el sitio web perfecto de una empresa, una cadena de tiendas, un gobierno o una organización benéfica.

Cada cliente tendrá necesidades diferentes. El desarrollador debe ser capaz de crear un sitio web que funcione para cada uno de ellos.

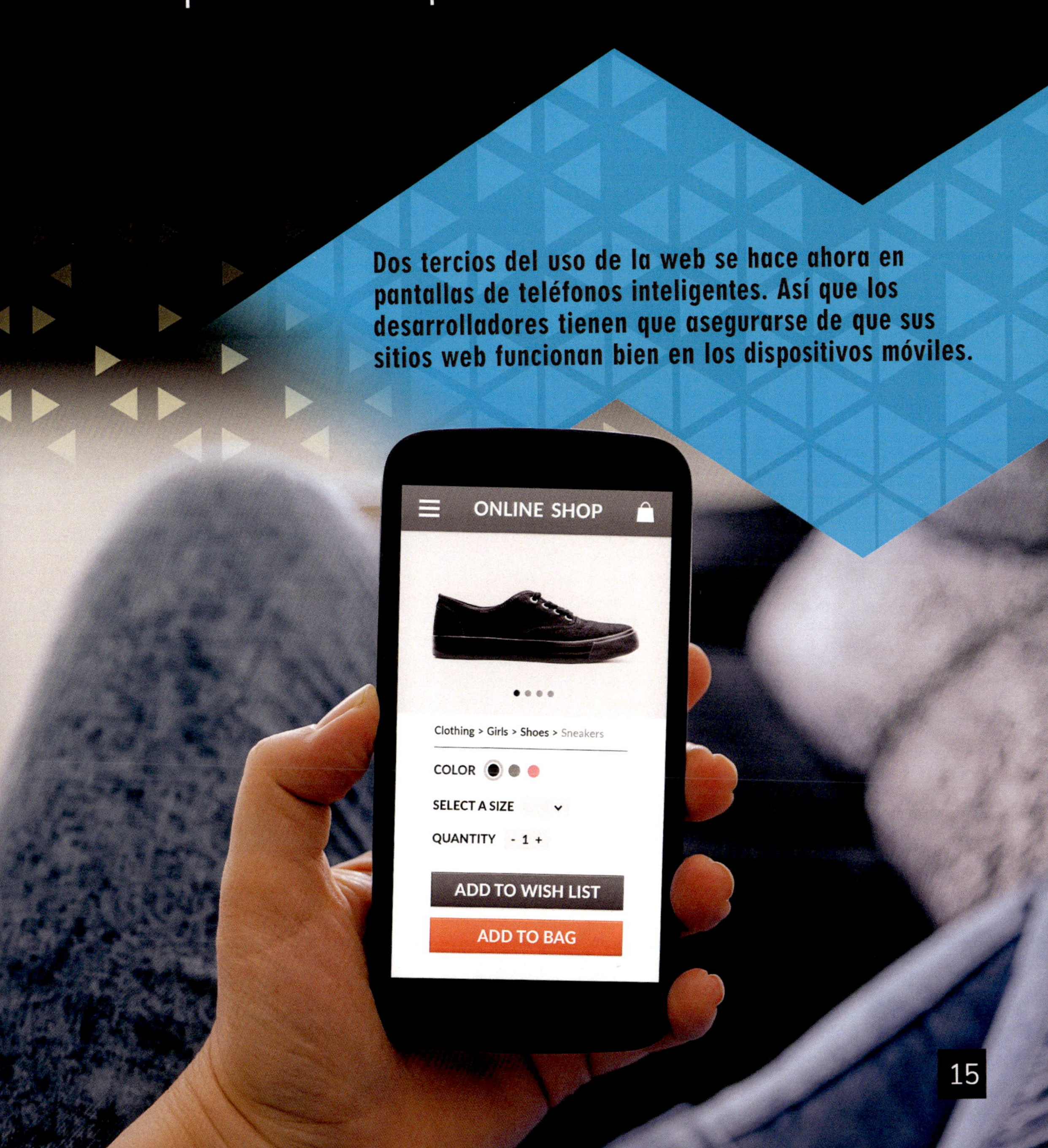

Dos tercios del uso de la web se hace ahora en pantallas de teléfonos inteligentes. Así que los desarrolladores tienen que asegurarse de que sus sitios web funcionan bien en los dispositivos móviles.

CONDICIONES DE TRABAJO

Los desarrolladores web trabajan en oficinas, **cubículos** o en sus propias casas. Si la computadora que utilizan es portátil, pueden trabajar casi en cualquier sitio.

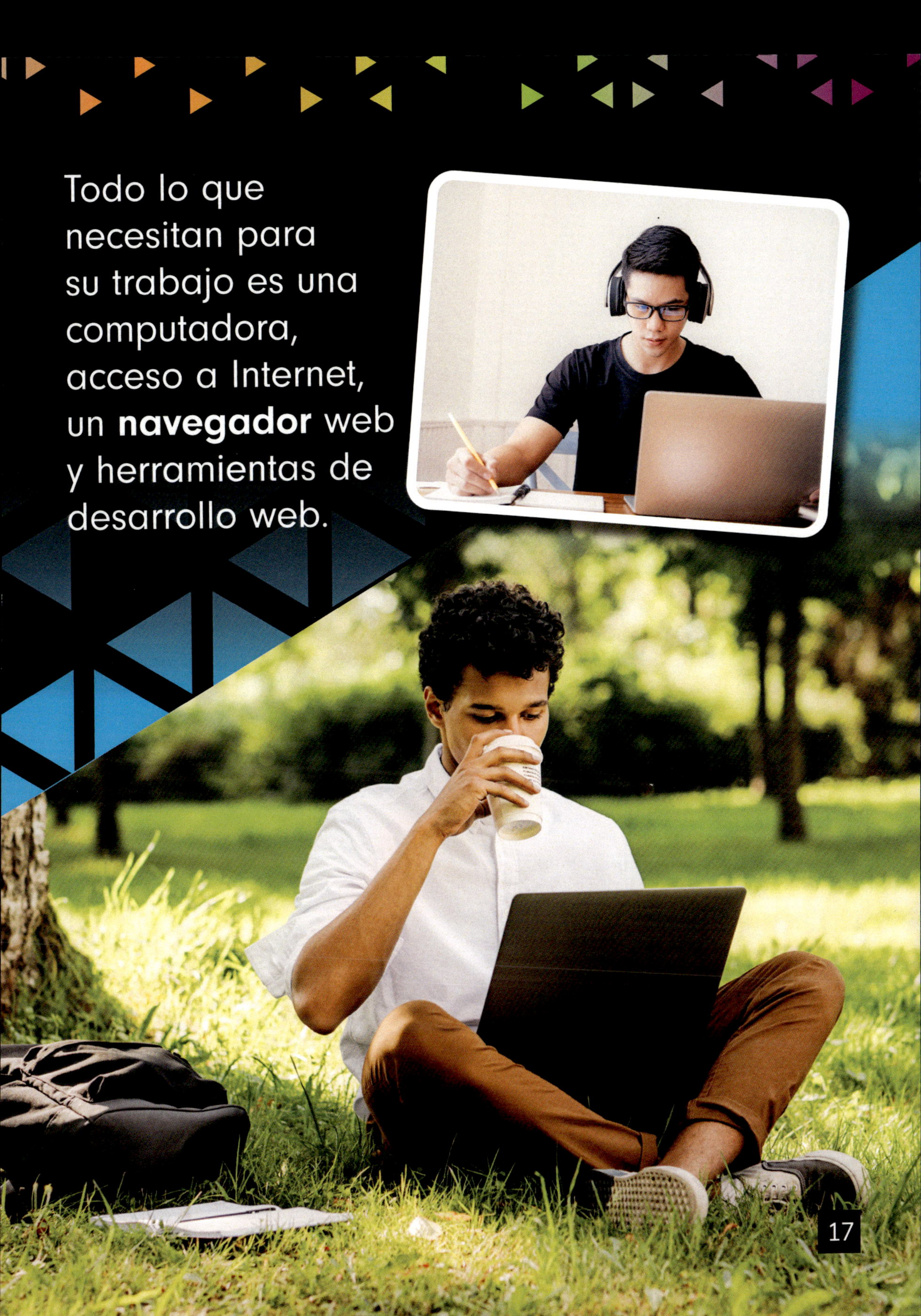

Todo lo que necesitan para su trabajo es una computadora, acceso a Internet, un **navegador** web y herramientas de desarrollo web.

Los desarrolladores web pasan mucho tiempo en sus computadoras. Esto puede causar malas posturas, dolores musculares y lesiones. Los puestos de trabajo deben estar bien instalados para poder trabajar cómodamente.

POSTURA INCORRECTA AL SENTARSE

POSTURA CORRECTA AL SENTARSE

Muchas empresas de desarrollo web disponen de gimnasios y otras actividades para que sus empleados mantengan su cuerpo en movimiento durante las largas y ajetreadas jornadas.

Conocer los lenguajes de codificación es solo la mitad del trabajo. Los desarrolladores web trabajan estrechamente con sus clientes para asegurarse de que su diseño cumpla con las expectativas del cliente. Los desarrolladores a menudo tienen que ser codificadores, diseñadores e incluso vendedores.

La vida útil de un sitio web es de unos tres años. La tecnología avanza tan rápido que algunos sitios web pueden dejar de funcionar correctamente en ese tiempo.

Los desarrolladores web tienen que pensar en sus clientes, en los clientes de sus clientes y en sus competidores. Hay miles de millones de sitios web en la red. Los desarrolladores tienen que encontrar la manera de llamar la atención y conseguir visitas.

El código fuente de un sitio web puede influir en la clasificación de los motores de búsqueda. Google clasifica los sitios web en función de determinados elementos HTML.

DESAFÍOS A LOS QUE TE ENFRENTARÁS

No todos los lenguajes informáticos son iguales. Todos tienen sus problemas. Los desarrolladores tienen que saber qué lenguajes son más adecuados para ofrecer el sitio web que necesita su cliente.

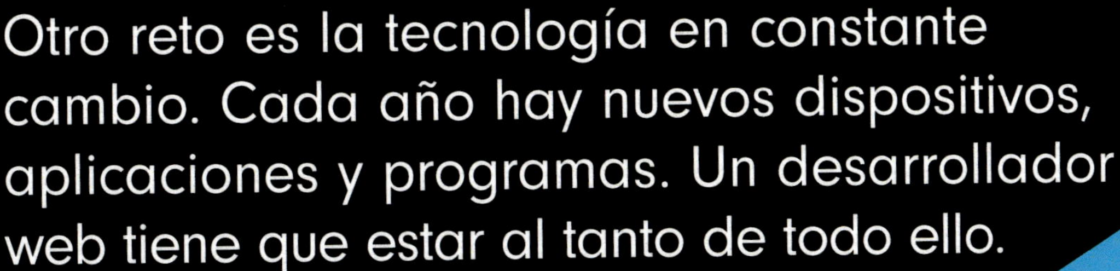

Otro reto es la tecnología en constante cambio. Cada año hay nuevos dispositivos, aplicaciones y programas. Un desarrollador web tiene que estar al tanto de todo ello.

UNA CARRERA GRATIFICANTE

Un desarrollador web conecta a personas y empresas con el mundo.

Es un trabajo gratificante que viene acompañado de un buen salario, aunque los sueldos varían según el sector.

Especialidad	Rango salarial por año en dólares
Publicación	$101 905 - $123 870
Sistemas informáticos	$68 450 - $75 500
Publicidad	$65 370 - $71 700
Científico y técnico	$63 950 - $70 790

Ser desarrollador web te permite dar forma a la manera en que la gente ve el mundo que lo rodea. Es una carrera rápida y emocionante que crece y cambia constantemente.

Es una buena carrera para cualquiera que le guste trabajar con computadoras e Internet.

GLOSARIO

back-end: La parte del sitio web que no vemos y que se centra en el servidor y la recopilación de datos.

clientes: Personas que pagan por los servicios de otros.

código: Instrucciones de los programas informáticos.

código fuente: El código principal utilizado para escribir el código de un sitio web.

cubículos: Pequeña zona dividida de una habitación que funciona como oficina.

front-end: La parte del sitio web que la gente ve.

full-stack: Se refiere a todo el sitio web.

global: Relativo al mundo entero.

JavaScript: Código informático que se utiliza habitualmente en los sitios web.

navegador: Programa informático que permite al usuario acceder a un sistema de información llamado World Wide Web (WWW).

servidor: Una computadora grande con más capacidad de almacenamiento y procesamiento.

software: Programas diseñados para ordenadores.

ÍNDICE ANALÍTICO

SITIOS WEB PARA VISITAR

https://scratch.mit.edu

https://www.bls.gov/ooh/computer-and-information-technology/web-developers.htm#tab-1

https://careerfoundry.com/en/blog/web-development/what-does-it-take-to-become-a-web-developer-everything-you-need-to-know-before-getting-started/

SOBRE EL AUTOR

B. Keith Davidson

B. Keith Davidson ha hecho carrera en la agricultura, la fabricación industrial y el sector de los servicios. Su carrera en la educación lo llevó a su actual carrera de escritor de libros.

Crabtree Publishing

crabtreebooks.com 800-387-7650

Written by: B. Keith Davidson
Designed by: Jennifer Dydyk
Edited by: Kelli Hicks
Proofreader: Ellen Rodger
Translation to Spanish: Santiago Ochoa
Spanish-language layout and proofread: Base Tres

Hardcover 9781039649026
Paperback 9781039650299
Ebook (pdf) 9781039690035
Epub 9781039691308
Read-along 9781039692572
Audio book 9781039693845

Library and Archives Canada Cataloguing in Publication
Available at the Library and Archives Canada

Library of Congress Cataloging-in-Publication Data
Available at the Library of Congress

Published in Canada
Crabtree Publishing
616 Welland Avenue
St. Catharines, Ontario
L2M 5V6

Published in the United States
Crabtree Publishing
347 Fifth Avenue
Suite 1402-145
New York, NY 10016

Photographs: Cover career logo icon © Trueffelpix, diamond pattern used on cover and throughout book © Aleksandr Andrushkiv, cover photo © PR Image Factory/shutterstock.com, photo at top of cover and top of title page © ronstik/shutterstock.com. Page 4 top photo © David Econopouly | Dreamstime.com, bottom photo © Firmanemmanuelle | Dreamstime.com, Page 5 © Monkey Business Images | Dreamstime.com, Page 7 © Andrey Sirant | Dreamstime.com, All other images from istock by Getty Images: Page 6 © SeventyFour, Page 8 © Photo Italia LLC, Page 9 top photo © monkeybusinessimages, bottom photo © nd3000, Page 10 © milindri, Page 11 inset photo © Minerva Studio, bottom photo © metamorworks, Page 12 © cyther5, Page 13 both photos © SeventyFour, Page 14 top photo © NicoElNino, bottom photo © kasto80, Page 15 © CarmenMurillo, Page 16 © SolisImages, Page 17 top photo © ijeab, bottom photo © Youngoldman, Page 18 top photo © thodonal, illustration © bestsale, Page 19 © howtogoto, Page 20 © NiKita Filippov, Page 21 top photo © Rostislav_Sedlacek, bottom photo © pondsaksit, Page 22 © Wasan Tita, Page 23 background photo © NanoStockk, top photo © Baks, bottom photo © mbbirdy, Page 24 © YurolaitsAlbert, Page 25 © Igor-Kardasov, Page 26 © Berezko, Page 27 © gorodenkoff, Page 28 © scyther5, Page 29 © Deagreez

Printed in Canada/102023/CPC20231018